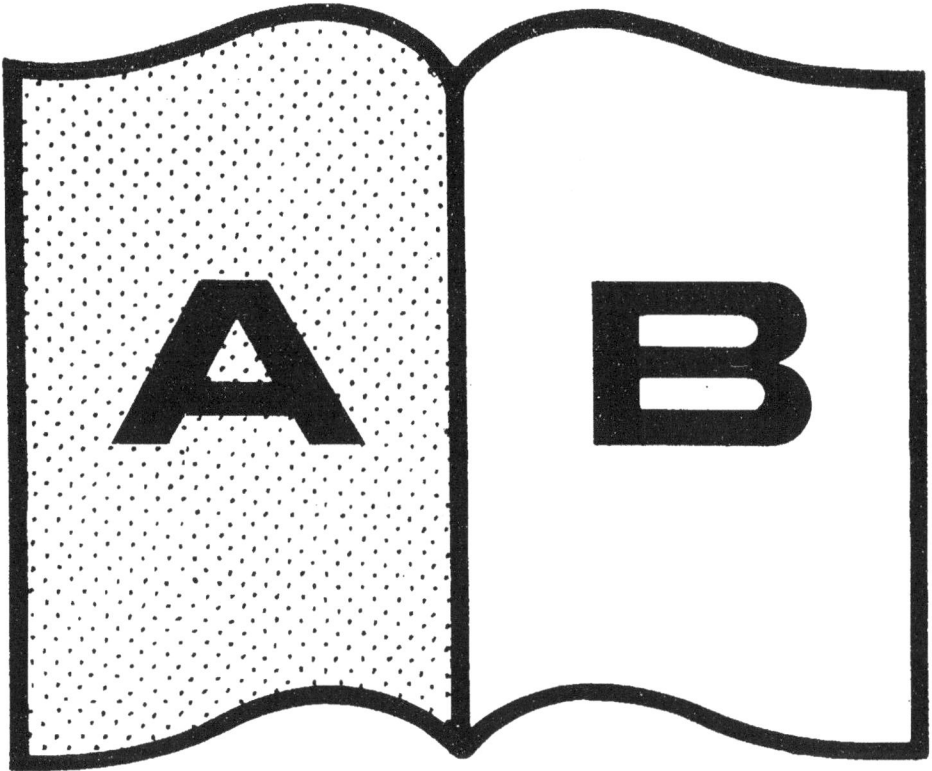

Contraste insuffisant

**NF Z 43**-120-14

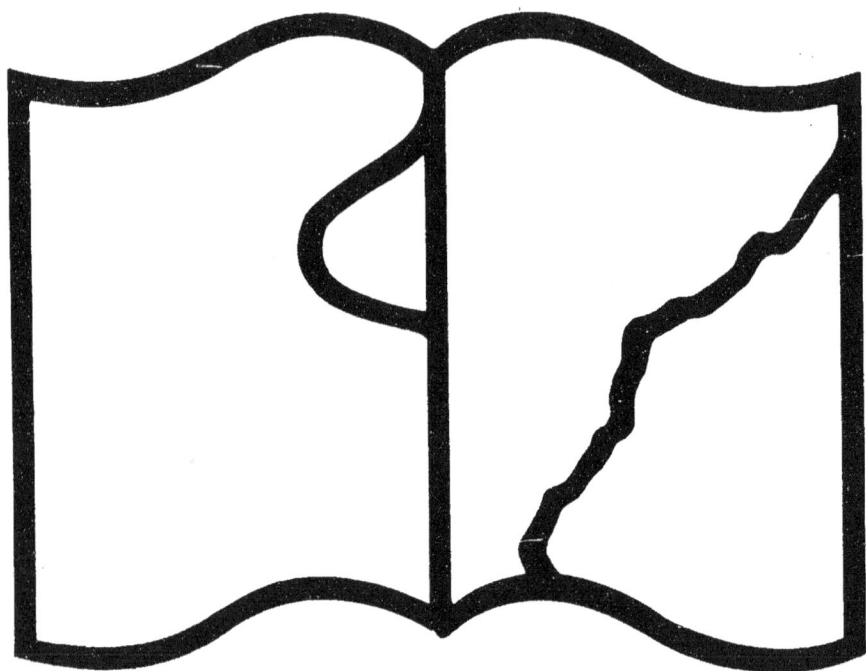

Texte détérioré — reliure défectueuse

**NF Z 43**-120-11

# RECHERCHES HISTORIQUES

# SUR L'INVENTION DU NIVEAU A BULLE D'AIR

PAR

# GILBERT GOVI

PROFESSEUR DE PHYSIQUE A L'UNIVERSITÉ DE TURIN.

EXTRAIT DU *BULLETTINO DI BIBLIOGRAFIA E DI STORIA
DELLE SCIENZE MATEMATICHE E FISICHE*
TOME III. — JUILLET 1870.

ROME

IMPRIMERIE DES SCIENCES MATHÉMATIQUES ET PHYSIQUES
Via Lata, Num? 211 A.

1870

# RECHERCHES HISTORIQUES

## SUR L'INVENTION DU NIVEAU A BULLE D'AIR.

---

« Ce n'est pas qu'il importe extrémement au public de savoir
» qui est l'auteur d'une nouvelle invention, pourvu qu'elle soit
» utile, mais comme il lui importe qu'il y ait des inventions nou-
» velles, il en faut conserver la gloire à leurs auteurs, qui sont
» excités au travail par cette récompense. »
FONTENELLE : *Histoire de l'Ac. R. des Sc.*,
T. I, page 16 (de la réimpression).

Dans une notice fort intéressante sur l'invention du niveau à bulle d'air, insérée par le D.ʳ Rodolphe Wolf de Zurich au T. II. (page 313–318) du BULLETTINO DI BIBLIOGRAFIA E DI STORIA DELLE SCIENZE MATEMATICHE E FISICHE, ce savant astronome croit : « avoir démontré que le NIVEAU A BULLE D'AIR a été inventé au » plus tard en 1666, et que probablement on le doit à *Mr. Chapotot, méca-* » *nicien à Paris.* » (1) Ces conclusions ne lui semblent cependant pas assez solidement établies (la seconde surtout) pour n'avoir plus besoin de confirmation, et à la fin de son travail il témoigne le désir : « qu'un érudit de Paris veuille se » donner la peine de retrouver l'opuscule intitulé: MACHINE NOUVELLE pour la con- » duite des eaux », etc. (2), où le NIVEAU A BULLE D'AIR se trouve pour la pre- mière fois décrit et représenté, et « qu'un érudit de Florence veuille étudier les » archives et les anciens procès-verbaux de l'Académie de cette ville » (3) pour y découvrir le nom de l'auteur de cette invention, qu'un livre très-rare im- primé en 1681 assure avoir été communiquée d'abord « à l'assemblée qui se » tenait chez M. Thevenot, à la société Royale d'Angleterre et à l'Aca- » démie DEL CIMENTO de Toscane » (4). D. B. Boncompagni a retrouvé l'opu- scule (5) intitulé « MACHINE NOUVELLE », etc., mais il paraît n'y avoir rien

---

(1) BULLETTINO ‖ DI ‖ BIBLIOGRAFIA E DI STORIA ‖ DELLE ‖ SCIENZE MATEMATICHE E FISICHE ‖ PUBBLICATO ‖ DA B. BONCOMPAGNI, ccc. TOMO II, ‖ ROMA, ccc. 1869, page 317, lig. 36—38. LUGLIO 1869. — MATÉRIAUX DIVERS ‖ POUR ‖ L'HISTOIRE DES MATHÉMATIQUES ‖ RECUEILLIS ‖ PAR LE DR. RO- DOLPHE WOLF‖PROFESSEUR D'ASTRONOMIE A ZURICH.‖ EXTRAIT DU *BULLETTINO DI BIBLIOGRAFIA E DI STORIA‖DELLE SCIENZE MATEMATICHE E FISICHE‖*TOME II. — JUILLET 1869.‖ROME‖IMPRIME- RIE DES SCIENCES MATHÉMATIQUES ET PHYSIQUES ‖ Via Lata N.° 211 A. ‖ 1869, page 7, lig. 36—38.

(2) BULLETTINO, etc. TOMO II, etc., page 317, lig. 38; page 318, lig. 1—2. — MATÉRIAUX DI- VERS, etc. RECUEILLIS ‖ PAR LE DR. RODOLPHE WOLF, etc., page 7, lig. 38; page 8, lig. 1—2.

(3) BULLETTINO, etc. TOMO II, etc., page 318, lig. 2—4. — MATÉRIAUX DIVERS, etc. RECUEIL- LIS ‖ PAR LE DR. RODOLPHE WOLF, etc., page 8, lig. 2—4.

(4) BULLETTINO, etc. TOMO II, etc., page 315, col. 5, lig. 6—8, 18—20. — MATÉRIAUX DIVERS, etc. RECUEILLIS‖PAR LE DR. RODOLPHE WOLF, etc., page 5, col. 5, lig. 6—8, 18—20.

(5) BULLETTINO, etc. TOMO II, etc., page 314, note (1). — MATÉRIAUX DIVERS, etc. RE-

découvert, d'où l'on puisse tirer quelque conjecture plus probable à l'endroit de l'Inventeur du *Niveau à Bulle d'air*.

Dans une course que je viens de faire à Florence, j'ai voulu essayer de satisfaire au second désir formulé par M. Wolf, et abordant avec courage le vaste recueil des manuscrits de Galilée, et de son école, parmi lesquels se trouvent aussi ceux de l'Académie du *Cimento*, je me suis mis à y chercher les traces de la première invention du *Niveau à bulle d'air*. Seulement la tâche a été beaucoup plus lourde que je ne l'avais pensé d'abord, car la Collection n'a point de tables, les matériaux y sont entassés quelque peu au hasard, et quoique on ait eu l'intention d'y placer les correspondances d'après l'ordre chronologique, plusieurs pièces s'y trouvent déclassées, soit parce qu'elles n'ont point été datées, soit parce que la date en a été mal lue par les ordonnateurs de la Collection, ou détruite par le temps.

Mon attention s'étant tournée d'abord du côté des documents relatifs à l'Académie du *Cimento*, je perdis quelques jours à feuilleter en vain les nombreux dossiers de notes, de mémoires, et de lettres qui s'y rapportent. Nulle part il n'y est fait mention du Niveau a bulle d'air, et ce premier insuccès m'avait presque ôté toute envie de poursuivre mes recherches. Réfléchissant toutefois à la possibilité que l'invention du Niveau eût été communiquée d'abord à quelque membre de l'*Académie de Florence*, afin que celui-ci pût en donner connaissance à ses collègues, je repris courage, et commençai la revue des cent et quelques volumes des manuscrits de Viviani, qui a été, comme on le sait, un des plus actifs et des principaux membres de l'Académie. — Une première trouvaille ne tarda pas, en effet, à encourager mes efforts. Parmi les manuscrits de Viviani (1) on trouve un fascicule de Notes avec ce titre: « Raccolta d'Esperien- » ze ‖ senz'ordine, e di pensieri diuersi di me Vincenzio ‖ Viuiani, in diuersi » propositi souuenutimi ‖ intorno a materie Meccaniche, Fisiche, ‖ Astronomiche » Filosofiche et altro ? » (2). Le titre est autographe, de même que tout le contenu du fascicule, seulement l'écriture y est fort variée, ce qui prouve que Viviani a écrit successivement dans ce cahier unique à des époques très différentes de sa longue existence. Il serait presque impossible de fixer la date des divers morceaux qui le composent, d'après la forme de leur écriture, parce que Viviani

---

CUEILLIS ‖ PAR LE DR. RODOLPHE WOLF, etc., page 4, lig. 48—55. — Cornelius de Beughem indique cet opuscule de la manière suivante (BIBLIOGRAPHIA ‖ MATHEMATICA ‖ ET ‖ ARTIFICIOSA NOVISSIMA ‖ perpetuò continuanda, ‖ seu ‖ CONSPECTUS PRIMUS, etc. Opera & Studio ‖ CORNELII à BEUGHEM *Emb*. etc. *AMSTELODAMI* ‖ Apud JANSSONIO-WAESBERGIOS 1688, page 195, lig. 5—7):

« **M**achine nouvelle pour la conduite des Eaux pour
» les Batimens , pour la Navigation & pour les
» plupart des autres. *Paris* 1665 in 8. »

(1) Bibliothèque Nationale de Florence, Section Palatine, manuscrit côté « E. 7. 7. » et intitulé « Discepoli di Galileo ‖ Tomo CXXXV ‖ Viviani Vincenzio ‖ Parte 5ᵃ Fisica sperimentale ‖ Volume 4‖ » Esperienze diverse ».

(2) « Discepoli di Galileo ‖ Tomo CXXXV » etc. feuillet 4ᵉ, numéroté 1, *recto*.

écrivait très–diversement à la même époque selon le soin qu'il croyait devoir apporter à sa calligraphie. Ses brouillons, par exemple, sont presque illisibles, tandis que leurs copies sont souvent fort claires, si non élégantes.

Dans ce fascicule, au feuillet numéroté 8, *verso* (lig. 19–27), se rencontre la note suivante :

« Strumento per metter un piano, o un regolo ⸮ in liuello orizontale. Questo è un cilin-
» dretto di Cristallo serrato da ambe le parti; lungo circa un palmo, grosso quanto il dito anulare,
» e pieno d'acqua lasciatoui però un solo sonaglio d'aria, la quale, auendo da natura di star sopra
» l'acqua, allora darà segno che il piano stia a liuello quando essa si ridurrà ( posatoui sopra il ci-
» lindro) a star in mezzo di d? cilindro, in dubbio di muouersi ò uerso l'una, o uerso l'altra estre-
» mità del bocciolo. »

Suit une figure grossière du niveau, qu'il est inutile de reproduire.

J'avoue qu'à la découverte de ce passage j'éprouvai un premier mouvement d'orgueil national, car l'invention du *Niveau à bulle d'air* me paraissait acquise de la sorte à Vincent Viviani, et, par conséquent, à l'Italie; mais en réfléchissant que Viviani était mort trente-sept ans après la publication de la *Machine nouvelle* (1), etc. citée par M. Wolf, et 22 après l'impression du volume du *Recueil de vo-yages de M.*ʳ *Thevenot*, et que, malgré cela, il n'avait jamais réclamé en sa fa-veur la priorité de l'invention du *Niveau*, quoiqu'il eût pu avoir connaissance des ouvrages où elle était décrite (2); réfléchissant en outre, que dans les nom-breux travaux hydrauliques exécutés par lui pendant les dernières années de sa vie, et dont on possède les manuscrits, Viviani ne paraît pas avoir employé le dit *Niveau*, malgré sa supériorité incontestable sur tous les autres Niveaux en usage de son temps; me rapportant enfin à ce que les documents publiés nous disent de la communication de sa découverte faite à l'*Académie del Cimento* par l'in-venteur du *Niveau à air*, je compris bientôt, que la Note de Viviani pouvait n'avoir pas l'importance que j'y avais attachée d'abord, et résolus par conséquent de continuer mes recherches parmi les documents de la *Collection*. Je pensais en effet que, si l'invention que Viviani paraissait s'attribuer, ne lui appartenait pas réellement, son insertion dans ce fascicule de Notes pouvait être le résultat

(1) Vincent Viviani mourut le 22 Septembre 1703 (HISTOIRE ‖ DE ‖ L'ACADEMIE ‖ ROYALE ‖ DES SCIENCES. ‖ Année MDCCIII. ‖ Avec les Memoires de Mathematique & de Physique, ‖ pour la même Année. ‖ *Tirés des Registres de cette Académie.* ‖ A PARIS, etc. M.DCCV. ‖ *AVEC PRIVILEGE DU ROY*, page 148, lig. 4. — LE VITE ‖ DEGLI ‖ ARCADI ILLUSTRI ‖ *Scritte da diversi Autori, e pubblicate d'ordine* ‖ DELLA GENERALE ADUNANZA ‖ DA GIOVAN MARIO CRESCIMBENI, etc. PARTE PRIMA, , etc. IN ROMA, Nella Stamperia di Antonio de' Rossi ‖ alla Piazza di Ceri. 1708. ‖ *CON LICENZA DE'SUPE-RIORI*, page 132, lin. 21—24. — MEMOIRES ‖ *POUR SERVIR* ‖ A L'HISTOIRE ‖ DES ‖ HOMMES ‖ ILLUS-TRES ‖ DANS LA REPUBLIQUE DES LETTRES. ‖ AVEC ‖ UN CATALOGUE RAISONNÉ ‖ de leurs Ouvrages ‖ TO-ME XXIV. ‖ A PARIS ‖ Chez BRIASSON, Libraire, rue S. Jacques, ‖ à la Science ‖ M.DCC.XXXIII. ‖ *Avec Approbation* ⅋ *Privilege du Roy*, page 379, lig. 20).

(2) Au bas du brouillon d'une lettre adressée à Thévenot le 20 Octobre 1673, qui se trouve dans un manuscrit de la Bibliothèque Nationale de Florence (Section Palatine) intitulé « Discepoli di Ga-» lileo ‖ Tomo CXLII. ‖ Viviani Vincenzio ‖ Parte 6.ᵃ Carteggio Scientifico ‖ Volume 1 ‖ Lettere » (feuillet 189, *verso*) Viviani a écrit de sa main :

« Discours de (*sic*) mouvement Local ‖ Trattato del liuellar le acque ‖ Strumentino di cristallo p liuellare ‖ d'Inuen-
» zione di M. Theuenot. »

d'un de ces souvenirs qu'on prend quelquefois pour des inspirations soudaines, et qui présentent à l'ésprit des choses oubliées, comme si c'étaient des idées nouvelles, dont on croit n'être redevable à personne — Viviani pouvait avoir écrit cela dans sa vieillesse, lorsque ses réminiscences à l'endroit de l'*Académie du Cimento*, et des publications qui avaient paru 20 ou 30 ans auparavant s'étaient presque effacées, si bien qu'il avait pu se croire un instant l'inventeur de ce dont il ne faisait que se remémorer.

Je me remis donc au travail, je compulsai d'autres volumes, et finalement dans la VI.ᵉ *Partie* des manuscrits de Viviani au Tome VI de sa *Correspondance Scientifique* (1), je rencontrai une lettre originale et autographe de Thévenot (2), dans laquelle ce savant donnait à Viviani, et par lui à l'*Académie du Cimento*, la première description du Niveau a bulle d'air, comme étant de son invention (3). Malheureusement cette lettre précieuse, que je vais reproduire bientôt, manque de date ; non pas que Thévenot ait oublié de l'y inscrire, mais parce qu'une partie du bord extérieur de la lettre a été arrachée, soit du temps de Viviani lui même, soit plus tard. On y lit en effet le commencement de date « di Pariggi (*sic*) alli 15 9bre... » (4) et rien davantage. Je retombais donc dans l'incertitude, après avoir cru un instant que le problème allait être tout–à–fait résolu. Cependant la lettre de Thévenot renfermait des indications très–importantes, d'après lesquelles on pouvait peut–être rétablir l'année de sa date. Thévenot y parle en effet de la prochaine arrivée du Père d'Huygens à la cour de France (5), de quelques changements dans le rapport entre le diamètre de l'anneau de Saturne et celui de sa planète, indiqués par Huygens (6), et que ce dernier devait avoir communiqués aux savants de Florence; il y fait mention des remarques de Frénicle sur les œuvres de Galilée, et met à la disposition du Prince Léopold une lettre originale de Galilée écrite d'Arcetri le 5 juin 1637 (7); il y fait ensuite mention du livre d'*Apollonius* que le Prince lui avait envoyé, en le chargeant d'en distribuer d'autres exemplaires aux académiciens qui pouvaient s'y intéresser (8), il fait les éloges de l'ouvrage *de Maximis et Mi-*

---

(1) Ce manuscrit actuellement possédé par la Bibliothèque Nationale de Florence (section *Palatine*) et côté « E. 7. 7 », est intitulé dans le *recto* de son troisième feuillet « Discepoli di Galileo ‖ To-» mo CXLVII ‖ Viviani Vincenzio ‖ Parte 6:ª Carteggio scientifico ‖ Volume 6 ‖ Lettere ».

(2) Cette lettre rapportée ci-après (page 10, lig. 5—19; page 11, lig. 1—15; page 12, lig. 1—18) occupe les feuillets numérotés 230 (*recto* et *verso*), et 231 (*recto*) du manuscrit intitulé « Discepoli di » Galileo ‖ Tomo CXLVII », etc.

(3) Voyez ci-après, page 12, lig. 6—13.

(4) « Discepoli di Galileo ‖ Tomo CXLVII », etc. feuillet numéroté 231, *recto*, lig. 9. — Voyez ci-après, page 12, lig. 13.

(5) Voyez ci-après, page 10, lig. 8.

(6) Voyez ci-après, page 10, lig. 10—11.

(7) Vovez ci-après, page 10, lig. 18—19; page 11, lig. 1—2.

(8) Voyez ci-après, page 11, lig. 3—5.

*nimis* de Viviani (1), et enfin il prie ce dernier de le mettre en rapport avec Magalotti, secrétaire de l'Académie du Cimento (2). C'eût été bien malheureux si, avec de tels secours, la date de la lettre n'eût pas pu être déterminée avec certitude.

Or Constantin Huygens, seigneur de Zuylichem, et père du grand Huygens, fut envoyé à la Cour de France en 1661 (3) pour y solliciter la restitution d'Orange, dont le Roi Louis XIV s'était emparé; et ne retourna en son pays qu'en 1665, après avoir obtenu ce qu'il était venu demander.

Quant aux changements de rapport entre le diamètre de l'anneau de Saturne, et celui de la planète, voici ce que j'ai découvert dans un ouvrage où je ne m'attendais guère a trouver ces renseignements. Le livre dont il s'agit est l'histoire de la société royale de londres par *Thomas Birch* (Londres, 1756, 4 vol. in-4). Le premier volume de cette Histoire contient au Procès verbal de la séance du 9 octobre 1661 le passage suivant (4), que je traduis à peu après littéralement:

« Après la lecture d'une lettre du Docteur Wren, touchant le système de
» Saturne, Sir Robert Moray en lit une autre en français de M. Christian Huy-
» gens de Zuylichem, datée de la Haye le 24 juillet 1661, et contenant quelques
» observations de Saturne. Cette lettre annéxée au volume premier, page 19, du
» *Recueil de Lettres* de la Société Royale, est resumée de la sorte par S. R. Moray.
» Huygens a observé, depuis plusieurs jours, Saturne à l'aide de son télescope,
» et il a vu distinctement, qu'il ne ressortait pas de l'Ovale de l'anneau la
» moindre petite partie du globe de la planète, soit au-dessus, soit au-dessous;
» ce qui ne saurait être en admettant la proportion du diamètre de l'anneau
» à celui du globe, qui à été donnée comme étant de 9 à 4. Il a donc trouvé
» qu'il faut supposer l'anneau plus grand, et que son diamètre est à celui du
» globe comme 17 à 6. Il a eu soin en outre de faire exécuter un modèle de
» Saturne avec un cercle en laiton, comme celui qu'il a vu chez S. R. Moray,
» mais d'après la susdite proportion, et ayant couvert le tout de papier blanc,

---

(1) Voyez ci-après, page 11, lig. 7—10.

(2) Voyez ci-après, page 11, lig. 14—15.

(3) DICTIONAIRE ‖ HISTORIQUE ‖ ET ‖ CRITIQUE: ‖ Par Monsieur BAYLE. ‖ *TOME SECOND*, ‖ SECON-DE PARTIE. ‖ P—Z. ‖ A ROTTERDAM, ‖ Chez REINIER LEERS, ‖ MDCXCVIII.‖*AVEC PRIVILEGE*, page 1285, lig. 5—9. — DICTIONNAIRE ‖ HISTORIQUE ET CRITIQUE ‖ DE PIERRE BAYLE. ‖ NOUVELLE ÉDITION, etc. TOME QUINZIÈME ‖ PARIS ‖ DESOER LIBRAIRE, RUE CHRISTINE ‖ 1820, page 122, col. 1, lig. 43—47. — LE GRAND ‖ DICTIONNAIRE ‖ HISTORIQUE, etc. par Mre LOUIS MORÉRI, etc. *Première Edition de Bâle en François*, etc. TOME VI. ‖ A BASLE, etc. MDCXXXII, page 1097, col. 2, lig. 84—86. — LE GRAND‖ DICTIONNAIRE ‖ HISTORIQUE, etc. Par M.re LOUÏS MORERI, etc. DIX-NEUVIÉME ET DERNIÈRE ÉDITION, etc. *TOME HUITIÈME Lettres* T—Z. ‖ A PARIS MDCXLIX. ‖ ET SE VEND ‖ A VENISE CHEZ FRANÇOIS PITTERI, page 440, col. 2, lig. 92—95.

(4) THE ‖ HISTORY ‖ OF THE ‖ ROYAL SOCIETY of LONDON ‖ FOR IMPROVING OF ‖ NATURAL KNOW-LEDGE, ‖ FROM ITS FIRST RISE: ‖ IN WHICH ‖ The most considerable of those Papers communicated to the‖ SOCIETY, which have hitherto not been published, are inserted in their ‖ proper order, ‖ AS A SUPPLEMENT TO ‖ THE PHILOSOPHICAL TRANSACTIONS. ‖ By THOMAS BIRCH, D. D. ‖ SECRETARY to the ROYAL SOCIETY. ‖ VOL. I.‖LONDON:‖Printed for A. MILLAR in the Strand.‖MDCCLVI, page 49, lig. 6—28.

» il trouve, qu'étant vu à distance, et bien éclairé, ce modèle reproduit bien
» exactement toutes les phases de la Planète. Il a même enduit le papier de craie,
» afin de le rendre également blanc partout. Il annonce dans la même lettre, d'a-
» près ce qu'on lui écrit de Paris, que l'Académie qui se réunit chez M. De Montmor
» a été fortement excitée par l'émulation de la Société de Londres, et va s'ap-
» pliquer dorénavant aux Expériences, plutôt qu'à tout autre exercice où l'esprit
» seul serait en jeu. — Voila, dit-il, un bon effet produit par votre exemple. Il finit
» par exprimer le désir d'être informé de temps en temps par S. R. Moray, de
» ce qui se passe dans la Société pour l'établissement et les intérêts de laquelle il se
» déclare non moins zélé, que qui que ce soit des Membres dont elle se compose. »

Huygens, dans son livre: Systema Saturnium, publié à la Haye en 1659, avait dit (1):

« Latitudinem vero spatij inter annulum globum-
» que Saturni interjecti æquare ipsius annuli latitudinem vel
» excedere etiam, figura Saturni ab alijs observata, certius-
» que deinde quæ mihi ipsa conspecta fuit, edocuit: maxi-
» mamque inter annuli diametrum eam circiter rationem ha-
» bere ad diametrum Saturni quæ est 9 ad 4 ».

et plus loin dans le même ouvrage (2):

« Er-
» go revera ea erit proportio diametri annuli Saturnij ad dia-
» metrum Solis quæ 9', 4'' ad 30' 30'', hoc est, fere quæ 11
» ad 37. Diameter vero Saturni ipsius, quam superius di-
» ximus ad annuli diametrum se habere ut 4 ad 9, hoc est fe-
» re ut 5 ad 11, ad diametrum Solis erit paulo minor quam 5
» ad 37 ».

Dans le Cosmotheoros, qui parut en 1699 après la mort de l'Auteur (3), Huygens
répéta les mêmes rapports de 11 à 5 (4), et de 9 à 4 (5), ce qui prouve que le nouveau
rapport de 17 à 6, signalé en 1661 à la Société Royale de Londres, et auquel la
lettre de Thévenot fait allusion, ne fut pas conservé par le célèbre géomètre.

(1) CHRISTIANI HVGENII ‖ ZVLICHEMII, CONST. F. ‖ SYSTEMA ‖ SATVRNIVM ‖ Sive ‖ De causis miran-
dorum SATVRNI ‖ Phænomenôn, ‖ Et ‖ Comite ejus ‖ PLANETA NOVO ‖ HAGÆ-COMITIS, ‖ Ex Typographia ADRIANI VLACQ. ‖ M. DC. LIX, page 47, lig. 10—15.

(2) CHRISTIANI HVGENII ‖ ZVLICHEMII, CONST. F. ‖ SYSTEMA ‖ SATVRNIVM. etc., page 78, lig. 1—7.

(3) On sait que Chrétien Huygens mourut le 8 juin 1695 (CHRISTIANI HVGENII ‖ ZULICHEMII, ‖
Dum viveret Zelemii Toparchæ, ‖ OPERA VARIA. ‖ VOLUMEN PRIMUM. ‖ LUGDUNI BATAVORUM, ‖Apud
JANSSONIOS VANDER AA, ‖ Bibliopolas. MDCCXXIV, page 14e, lig.6. — MEMOIRES ‖ POUR SERVIR ‖ A L'HIS-
TOIRE ‖ DES ‖ HOMMES ‖ ILLUSTRES ‖ DANS LA REPUBLIQUE DES LETTRES ‖ AVEC ‖ UN CATALOGUE RAI-
SONNÉ ‖ de leurs Ouvrages ‖ TOME XIX. ‖ A PARIS ‖ Chez BRIASSON , Libraire, rue S. Jacques; ‖ à la
Science. ‖ M. DCC. XXXII, page 216, lig. 16—17.

(4) CHRISTIANI ‖ HUGENII ‖ ΚΟΣΜΟΘΕΩΡΟΣ, ‖ sive ‖ De Terris Cœlestibus, earumque ornatu, ‖ CON-
JECTURÆ ‖ AD ‖ CONSTANTINUM HUGENIUM, ‖ Fratrem: ‖ GULIELMO III. MAGNÆ BRITANNIÆ REGI, ‖ A SE-
CRETIS. ‖ Editio Altera. ‖ HAGÆ-COMITUM, ‖ Apud ADRIANUM MOETJENS, Bibliopolam. ‖ M.DC.XCIX,
page 14, lig. 23—26; page 15, lig. 1.

(5) « Idem denique axis ‖ positus phænomena varia, ac mirabilia, Pla-‖netæ ejus incolis praebet;
» quæ ut intelligi pos-‖sint, totius Saturni cum Annulo figuram hic ‖ rursus describemus: in qua, sicut
» jam olim ‖ definivimus, cum mirum hunc fornicem è te-‖nebris primùm erueremus, inter diame-
» tros ‖ annuli globique ea erit ratio, quæ 9 ad 4 » (CHRISTIANI ‖ HUGENII ‖ ΚΟΣΜΟΘΕΩΡΟΣ, etc., page
108, lig. 20—26; page 109, lig. 1).

La même proportion de 9 à 4 se trouve en outre reproduite dans le *Rapport des Académiciens du Cimento sur le* Système de Saturne *de Chrétien Huygens, adressé au Prince Léopold* (1), Rapport dont la date n'est pas indiquée dans la publication qu'en à fait Targioni (2), mais qui paraît avoir été rédigé en 1661. Nous savons en effet, d'après la *Correspondance* de Michel Ange Ricci, qu'en 1660 les Académiciens de Florence s'occupaient assidûment du *Système de Saturne* (3); et il ne serait pas impossibile, que l'idée d'observer un Globe artificiel de Saturne, avec son anneau (tel que Sir Robert Moray l'avait construit et montré à Huygens) fût venue d'abord aux savants d'Italie; car dans une lettre du 22 août 1660, Ricci dit au Prince Léopold (4) :

       « Gran diletto ha
  » poi recato all' animo mio l' esperienza che mo-
  » stra la fascia intorno al globo formato a simiglian-
  » za di Saturno, ora in forma di due globi sepa-
  » rati, ora nella sua natural figura , pensiero de'
  » più ingegnosi e pellegrini, che io udissi mai. »

Ces derniers mots excessivement flatteurs laissent supposer que l'invention de *Saturne artificiel* serait due au Prince Léopold lui-même.

Dans une autre lettre inédite adressée le 14 avril 1662 au Prince Léopold Ricci confirme en outre la date qu'on vient d'assigner à la lettre de Thévenot, car il y dit (5) :

  « Scriue da Parigi Monsieur Teuenot ch'il Sig.ᵣ Vgenio per àlcune osseruazioni fatte di nuouo
» ha mutata la proporz.ᵉ della fascia al corpo di Saturno ; e che vi sono delle nouità nel cielo, le
» quali egli manderà presto a V. A. S. et a mè. »

Et le 21 novembre 1662, revenant sur le même sujet, il ajoute (6) :

  « Dice che il Sig. Ugenio ha scritto costà ,  » Saturnio ed inuiata una risposta all'ultima scrit-
 « credo all'A. V., le mutazioni fatte nel sistema » tura del P. Fabri ».

Tous ces témoignages concourent donc à prouver que la Lettre de Thévenot est bien de l'année 1661.

Les remarques de Frénicle sur Galilée, n'ayant jamais été publiées, ne peuvent pas nous venir en aide dans cette recherche.

Quant à la lettre de Galilée du 5 juin 1637 (adressée à Pierre de Carcavi), elle a été publiée d'abord par Venturi (7), et plus tard par M. Albéri dans son édition

---

(1) Atti e memorie || *Inedite* || dell'Accademia || del Cimento || e *Notizie aneddote* || dei progressi delle scienze in Toscana, etc. *Pubblicate dal dottore* || Gio. Targioni Tozzetti|| *Tomo secondo parte seconda.* || In Firenze MDCCLXXX, etc., page 743, lig. 8—12.

(2) Atti e memorie inedite || dell'Accademia || del Cimento, etc., Tomo secondo parte seconda, page 739 , lig. 24—39 ; pages 740—745; page 746, lig. 1—19.

(3) Lettere || inedite || di uomini || illustri || *Tomo secondo.* || in Firenze. MDCCLXXV. || Nella Stamperia di Francesco Moücke, etc., page 93, lig. 11—31; page 94, lig. 1—21.

(4) Lettere || inedite || di uomini || illustri || *Tomo secondo*, etc., page 93, lig. 27—28; page 94, lig. 1—4.

(5) Cette lettre se trouve dans un manuscrit de la Bibliothèque Nationale de Florence (Section Palatine), intitulé « Posteriori di Galileo || Tomo 17 || Accademia del Cimento || Parte III || Carteggio || Vol. 2 ».

(6) Lettere || inedite || di uomini || illustri || *Tomo secondo*, etc., page 111, lig. 1—4.

(7) Memorie e lettere || inedite finora o disperse || di || Galileo Galilei || ordinate ed illustrate con annotazioni || dal cav. Giambatista Venturi, etc. *Parte Seconda* || *Dall' Anno*

des *Oeuvres de Galilée* (1), mais il m'a été impossible jusqu'ici de découvrir comment et à quelle époque elle a pu être annexée à la *Collection Galiléenne* du Prince Léopold de Médicis.

Un autre jalon bien assuré nous est fourni par la date de la publication des livres d'APOLLONIUS traduits de l'Arabe par ABRAHAM ECCHELLENSE, sous la direction d'ALPHONSE BORELLI. Cet ouvrage ayant paru en 1661 à Florence (2), ce devait donc être en cette même année, que le Prince Léopold en envoyait des exemplaires à THÉVENOT pour lui, et pour les Académiciens de sa Société. J'ai découvert, en effet, un brouillon d'une lettre du Prince Léopold à Thévenot, portant la date du 11 septembre 1661 (3), qui commence ainsi (4) :

« Essendosi dal Ser:mo G: Duca dati alla luce tre de i quattro per lungo tempo sepolti, et molto
» desiderati libri di Apollonio tradotti dall'Arabo, harei stimato di far' mancam:to se non ne hauessi
» inuiati alcuni esemplari a V. S., perchè ella si compiaccia di ritenerne uno appresso di sè, e gl'altri
» distribuire a parte de i SS:ri di cotesta Accademia intendenti delle Materie Geometriche per segno
» dell'affetto e della stima che io fò della Virtù loro. »

Une autre lettre du même Prince à la date du 10 décembre 1661 contient des remercîments pour la distribution déjà effectuée de ces exemplaires (5). Il ne faut pas s'étonner d'ailleurs qu'ici THÉVENOT parle d'Académiciens de Paris à une époque, où l'Académie des Sciences n'avait pas encore été fondée par COLBERT, car les Savants Français, qui s'étaient assemblés d'abord, vers 1638, chez le Père Marin MERSENNE (mort le 1er septembre 1648 (6)), puis chez M. HENRI—LOUIS HABERT DE MONTMOR, maître des requêtes (mort le 21 janvier 1679 (7)), et enfin chez

1616 *fino alla sua morte del* 1642. ‖ MODENA ‖ PER G. VINCENZI E COMP. ‖ M. DCCC. XXI., page 249 , lig. 2—46; pages 250—252; page 253, lig. 1—5.

(1) LE OPERE ‖ DI ‖ GALILEO GALILEI ‖ PRIMA EDIZIONE COMPLETA ‖ CONDOTTA SUGLI AUTENTICI MANOSCRITTI PALATINI ‖ E DEDICATA ‖ A S. A. I. E R. LEOPOLDO II ‖ GRANDUCA DI TOSCANA ‖ TOMO VII ‖ FIRENZE ‖ SOCIETÀ EDITRICE FIORENTINA ‖ 1848, page 154, lig. 6—27; pages 155—160.

(2) Cette édition dont la Bibliothèque Nationale de Florence possède un exemplaire coté « Sezione » Magliabechiana, I. 1. 68 » est intitulée « APOLLONII PERGÆI ‖ CONICORVM LIB. V. VI. VII.‖*PARAPHRA* » *STE*‖ABALPHATO ASPHAHANENSI ‖ Nunc primùm editi.‖*ADDITVS IN CALCE*‖ARCHIMEDIS ASSVMPTO » RVM LIBER,‖EX CODICIBVS ARABICIS M.SS.‖*[SERENISSIMI]*‖MAGNI DVCIS ETRVRIÆ‖ABRAHAMVS ECCHEL- » LENSIS MARONITA‖In Alma Vrbe Linguar. Orient. Professor Latinos reddidit.‖IO: ALFONSVS BORELLVS‖ » In Pisana Academia Matheseos Professor curam in Geometricis versioni ‖ contulit, & notas vberio- » res in vniuersum opus adiecit. ‖ AD SERENISSIMVM ‖ COSMVM III· ‖ ETRVRIÆ PRINCIPEM. ‖ FLOREN- » TIÆ, ‖ Ex Typographia Iosephi Cocchini ad insigne Stellæ MDCLXI. ‖ *SVPERIORVM PERMISSV*. »

(3) Ce brouillon se trouve dans un manuscrit de la Bibliothèque Nationale de Florence (Section Palatine) intitulé « Posteriori di Galileo ‖ Tomo 23 ‖ Accademia del Cimento ‖ Parte III ‖ Carteggio ‖ » Vol. 8 ‖ Lettere Familiari dl P.e Leopoldo » (feuillet 57, *recto*). Sa date y est indiquée ainsi dans ce manuscrit (feuillet 57, *recto*, lig. 1) : « Al Sig:r de Teuenot li 11. 7bre 1661. »

(4) Posteriori di Galileo ‖ Tomo 23 ‖ Accademia del Cimento ‖ Parte III ‖ Carteggio ‖ Vol. 8, etc., feuillet 57, *recto*, lig. 2—16.

(5) Posteriori di Galileo ‖ Tomo 23 ‖ Accademia del Cimento ‖ Parte III ‖ Carteggio ‖ Vol. 8, etc., feuillet 62, *recto*.

(6) LA VIE ‖ DV R. P. ‖ MARIN MERSENNE ‖ THEOLOGIEN ‖ PHILOSOPHE ET MATHEMATICIEN ‖ De l' Ordre des Pères Minimes ‖ *Par F. H. D. C. Religieux du mesme* ‖ *Ordre* ‖ A PARIS ‖ Chez SEBASTIEN CRAMOISY, ‖ Imprimeur ordin. du Roy, ‖ & de‖la Reyne ‖ ET‖GABRIEL CRAMOISY ‖ ruë S. Iacques ‖ aux Ci-‖cognes M.DC.XLIX ‖ *AVEC APPROBATION*, page 27, lig. 14—20.

(7) HISTOIRE ‖ DE ‖ L'ACADÉMIE ‖ FRANÇOISE, ‖ Depuis son établissement jnsqu'à 1652. ‖ Par M.

Thévenot lui-même, donnaient à leur assemblée le titre d'Académie, et prenaient entre eux celui d'Académiciens, ce qui fait que Jean-Alphonse Borelli, dans une lettre adressée au Prince Léopold de Medicis et datée de Pise, le 11 novembre 1658 (1), écrivait au Prince (2) :

« Il Sig. Thevenot i giorni addietro mi scrisse
» dell' Accademia nuova di Parigi, la quale
» concorse ne' medesimi pensieri di cotesta, che si
» fa sotto gli auspici dei Serenissimi Principi di
» Toscana ».

Pour ce qui est du livre *de Maximis et Minimis* de Viviani, il avait paru en 1659 (3); la lettre de Thévenot est donc bien certainement postérieure à cette époque.

Mais de toutes les données relatives à la date de cette lettre, la plus certaine est, sans contredit, la dernière, à savoir celle qui se rapporte au désir exprimé par Thévenot d'être mis en rapport avec Laurent Magalotti, secrétaire de l'*Académie du Cimento*. Car parmi les brouillons de Viviani (4), j'ai trouvé celui d'une lettre adressée « A Mons.ʳ Theuenot ‖ Parigi ‖ 27. Genn:º 1661 ab Inc:ⁿᵉ » (5), c'est-à-dire « A Monsieur Thévenot, Paris, 27 Janvier 1661, *ab Incarnatione* » (1662 style commun), qui commence ainsi (6) :

« Ed è pur uero Sig:ʳ mio Gentil.ᵐᵒ, che noi med:ᵐⁱ taluolta siamo fabbri a noi stessi delle no-
» stre disauuenture. Eccole qui alligato il trionfo delle mie uittorie in abbatter la forse troppa mode-
» stia del Sigʳ Lorᵉ Magalotti mio gran Padrone e partialis:ᵐᵒ Amico. Eccolo indotto a palesarle
» quei marauigliosi talenti ch'esso procura (benche poi in uano) a chi che sia d'occultare, e princi-
» palᵉ a Litterati e Personaggi pari a VS: Ill:ᵐᵘ Ecco finalm:ᵗᵉ dato l'attacco tra li Secretarij di
» q:ᵗᵉ due famose Accademie ad una così nobile, e uirtuosa corrispondenza ».

La lettre de Thévenot, qui contient la description de son *Niveau à bulle d'air* est donc bien du 15 novembre 1661, sans qu'il puisse rester le moindre doute sur l'exactitude de cette date.

Voici maintenant cette lettre de Thévenot. Elle est en Italien, et assez bien écrite. Je laisserai subsister les quelques fautes qui s'y rencontrent, elles en

---

Pellisson. ‖ *Avec des Remarques & des Additions* ‖ Seconde édition ‖ A Paris, ‖ Chez Jean-Baptiste Coignard Fils, Imprimeur ‖ du Roi, & de l'Académie Françoise, rüe S. Jacques ‖ M. DCC. XXX, page 324, lig. 30—31. — Histoire ‖ de ‖ l'Académie française ‖ par ‖ Pellisson et d'Olivet ‖ avec ‖ une introduction, des éclaircissements et notes ‖ par M. Ch.-L. Livet ‖ I ‖ Paris ‖ A la librairie académique ‖ Didier et Cⁱᵉ, libraires-éditeurs ‖ 35, quai des Augustins‖1856, page 261, lig. 6—7.

(1) Lettere ‖ inedite ‖ di uomini illustri ‖ *Per servire d'Appendice all' Opera* ‖ *Intitolata* ‖ Vi-tae italorum ‖ doctrina excellentium. ‖ In Firenze. MDCCLXXIII. ‖ Nella Stamperia di Francesco Moücke. ‖ *Con licenza de'Superiori*, page 118, lig. 8.

(2) Lettere ‖ inedite ‖ di uomini ‖ illustri, etc., page 115, lig. 16—17; page 116, lig. 1—3.

(3) Cette édition dont la Bibliothèque Nationale de Florence possède un exemplaire côté « Sezione » Magliabechiana, I. 1. 95 » est intitulée « De maximis, ‖ et‖minimis‖geometrica divinatio‖In Qvin-» tvm Conicorvm ‖ Apollonii Pergæi ‖ *adhvc desideratvm*. ‖ ad serenissimvm e ferdinandvm » II.‖magnvmdvcem etrvriæ.‖liber primvs.‖*avctore*‖Vincentio Viviani. ‖ Florentiæ MDCLIX. ‖ » Apud Joseph Cocchini, Typis Nouis, sub Signo stellæ. ‖ *svperiorvm permissv*. »

(4) Ce brouillon se trouve dans un manuscrit de la Bibliotèque Nationale de Florence (section *Pa-latine*) côté « E. 7. 7 », et intitulé « Discepoli di Galileo ‖ Tomo CXLII ‖ Viviani Vincenzio ‖ Parte 6ᵃ. » Carteggio scientifico ‖ Volume 1 ‖ Lettere », feuillet numéroté 67, *recto*, lig. 1—15.

(5) « Discepoli di Galileo‖Tomo CXLII », etc., feuillet numéroté 67, *recto*, marge latérale inté-rieure, lig. 1—3.

(6) « Discepoli di Galileo ‖ Tomo CXLII », etc. feuillet numéroté 67, *recto*, lig. 2—15.

feront mieux voir l'authenticité, qui résulte d'ailleurs assez évidemment de sa comparaison avec beaucoup d'autres lettres, en Italien ou en Français, adressées par THÉVENOT , soit à VIVIANI , soit au Prince Léopold, et qui font partie du *Recueil* de la Bibliothèque Nationale de Florence :

» « Gran sodisfazione ho auuto nell'intendere dal Sig.ʳ dell'Ara (1) lo stato di V. S. e hora che
» posso assicurare per tal mezzo la nostra communicazione di lettere sarà più puntuale di quello lo
» son stato sin'adesso, feci l' Vfficio apresso i ..... Sig.ʳ Vgenio et le scrissi le precise parole di V.
» S. ne ri........ l'altr hieri una lettera oue m'auisa che il Sig.ʳ Suo padre..... uiene a questa corte
» et che mi porta la risposta ad altra..... doue spero di trouarla a quel che le scrissi da par.....
» Egli ci ha accennato qualche mutazione nella proporz..... diametro della fascia a quello del cor-
» po di Saturno. Il ch..... dato occasione a farui diuersi discorsi sopra una a ........ il Sig.ʳ Vgenio
» auera auisato listesso a Firenze et asp..... lettere che sono in mano del suo padre per raccogl.....
» quel egli hauera osseruato. Ho' qui aggionto una copi.... difficolta principali che M.ʳ (2) troua nel
» Galilei. tal copia...... estratta dal comentario che egli a fatto sul galilei continua detto Signore nel pen-
» siero di far stampare il sistema tradotto in francese con le sue note, ho ui aggionto ancora il prin-
» cipio di quel discorso del flusso et riflusso del mare che detto Sig.ʳ di Frenicle (3) auena pensiero di
» tradurre et di far stampare insieme collaltre giornate del Galilei (4) tutto quello poi ho auuto del
» Galilei lho auuto da Firenze et trouo stampato nell'edizione di Bologna eccetto vna lettera sotto-
» scritta dal galilei d' Arcetri il di 3 di Giugno 1637 doue si uede il desiderio che auena che le

---

(1) Un brouillon d'une lettre de Viviani à Thévenot, du 6 mai 1661 se trouve dans le feuillet 71. *verso*, du manuscrit intitulé « Discepoli di Galileo ‖ Tomo CXLII », etc. et cité ci-dessus, page 285, note (1). Dans ce brouillon Paul dell'Ara est désigné sous le titre de « Maiordomo del Sig. Ab.ᵉ
» Marucelli nuouo Resid:ᵉ del G. D: che in breue sarà costì. » (Discepoli di Galileo ‖ Tomo CXLII, etc., feuillet 71, *verso*, lig. 6—8).

(2) Voyez la note (3) de cette page 10.

(3) Bernard Frenicle de Bessy, illustre géomètre indiqué un peu plus haut par le seul titre de « M.ʳ » (Voyez la ligne 13 de cette page 10) mourut en 1675 ( LE GRAND ‖ DICTIONNAIRE ‖ HISTO-RIQUE, etc. Par Mᵉʳ LOUIS MORÉRI, Prêtre, Docteur en Théologie. ‖ *NOUVELLE ÉDITION* , etc. *TO-ME CINQUIÈME*. ‖ A PARIS, ‖ CHEZ LES LIBRAIRES ASSOCIÉS. ‖ M. D. CC. LIX, etc. , page 370, col. 1, lig. 41), — Ce savant est l'auteur d'un traité des triangles rectangles en nombres, dont la première édition, in-12°, est intitulée « TRAITÉ‖DES‖TRIANGLES‖RECTANGLES‖EN NOMBRES,‖*DANS LEQUEL PLV-*
» *SIEVRS*‖*belles propriétez de ces Triangles sont* ‖ *démontrées par de nouveaux prin-*‖*cipes.* ‖ Par Mon-
» sieur FRENICLE de ‖ l' Academie Royale des ‖ Sciences. ‖ A PARIS, ‖ Chez ESTIENNE MICHALLET.‖rüe
» Saint Jacques, à l'Image S. Paul, ‖ proche la Fontaine S. Severin. ‖ M.DC.LXXXVI.‖*Avec Permission.* »
Cet ouvrage se trouve aussi avec d'autres ouvrages de Bernard Frenicle de Bessy dans le recueil in-titulé « DIVERS ‖ OUVRAGES ‖ DE ‖ MATHEMATIQUE ‖ ET ‖ DE PHYSIQUE. ‖ *Par Messieurs de l'Académie*
» *Royale des Sciences.* ‖ A PARIS, ‖ DE L'IMPRIMERIE ROYALE ‖ M. DC. XCIII » (pages 1—64, 423—507),
et dans le tome cinquième des anciens Mémoires de l'Académie des Sciences (MÉMOIRES ‖ DE ‖ L'ACA-DÉMIE ‖ ROYALE ‖ DES SCIENCES ‖ Depuis 1666. jusqu'à 1699. ‖ TOME V.‖A PARIS, ‖PAR LA COMPAGNIE DES LIBRAIRES. ‖ M DCCXXIX. ‖ *AVEC PRIVILEGE DU ROY*, pages 3—374).

(4) Ce qui suit se rapporte à la demande que VIVIANI avait adressée à THÉVENOT le 6 mai 1661 de lui envoyer tout ce qu'il aurait pu recueillir des écrits de Galilée , pour l'édition monumentale que le Grand Duc se proposait d'en faire (VIVIANI P. VI. *Carteggio Scientifico*, Vol. 1° fenill. 70, *recto* et verso = *Brouillon de lettre de Viviani à Thévenot du 6 mai* 1661):

« da 6. anni che io proposi al Ser.ᵐᵒ Sig Duca Leopoldo di fare ristampar tutte le Opere del med° Gal in forma di fo-
» glio con ogni maggior pienezza e magnif.ᵃ a due colonne per le due lingue l'una Toscana nella quale scrisse l'Autore, e l'al-
» tra Latina da tradursi da uarij de nostri Compatriotti, et in ultimo con agg:ᵗᵃ di una gran mano di scrittura del med:ᵐᵒ
» non più uedute, che con grand.ᵉ fatiche ho raccolto da diuerse parti.... non mancherò di supplicarla di darmi nota dunque ella
» et altri Amici suoi si ritrou d'auere di non ancora publicato, con accennarne i principij, accio il med° Ser.ᵐᵒ uolendo lei
» possa restar fauorito di quello che a noi mancasse per far più copiosa tale edizione. »

» suе cose si ristampassero (1) con qualche aggunta (*sic*) che prometteua (2) in foglio (3), Dall'originale di
» cotesta lettera che e in poter mio V. S. ne puol disporre et mi dispiace non auer altro di esso
» con che possa seruire il Serᵐᵒ prencipe Leopoldo V. S. auera saputo lhonore fattomi da S. A. S.ᵐᵃ
» col mandarmi una delle copie dell'Apollonio et col seruirsi del mezzo mio per distribuirne delle
» altre a i nostri accademici intendenti in simili materie.

» I libri che V. S. desidera sono in ordine e glieli manderò ogni uolta che il Sigʳ dell'Ara ne
» auisi l'occasione come l'abbiamo concertato insieme, non ho ancora auuto il libro di V. S. (4) ma
» son sicuro di auerlo per che e in mano sicurissima.

» Ho poi da congratularmi con V. S. della stima che si fa qui di quel suo libro quale ne an-
» che uiene diminuita dalla publicatione dell' Apollonio (5) che se bene si uede che V S. uiene a
» conchiudere listessa cosa camina però per vna strada qual si conosce esserle propria non Insegnata
» dall' altro et non meno elegante della sua massima nella materia de Max. et Mini. Resto sempre
» con speranza che Monsigʳ di Beziers (6) mi debba aprendere qualche cosa dellesperienze fatta (*sic*)
» nella loro Accademia, et supplico V. S. come anche ne ho pregato Mons.ʳ Bigot di introdurmi nel-
» lamicizia del Sig.ʳ Magalotti quale come intendo e secretario (7) di detta accademia. ma cosa poi

---

(1) Dans cette lettre dont il a déjà été question (page 4, lig. 25—27, et notes (2), (7); page 7, lig. 32—33, et note (2); page 8, lig. 1—3, et note (4)) on lit (LE OPERE ‖ DI ‖ GALILEO GALILEI ‖ PRIMA EDIZIONE COMPLETA, etc. TOMO VII, etc., page 154, lig. 13—22. — MEMORIE E LETTERE ‖ INEDITE FINORA O DISPERSE ‖ DI ‖ GALILEO GALILEI, etc. *PARTE SECONDA*, etc. page 249, lig. 9—16):

> « Ch'ella continui nel pensiero di voler far ristampare
> tutte le mie opere in un volume solo, mi piace assai, per-
> chè è gran tempo che non se ne trovano più alle librerie,
> ed hanno continua chiesta, sicchè l' esito sarà grande e
> sicuro, con grosso guadagno del librajo, il qual V. S. po-
>
> » trà assicurare che gli ultimi esemplari, che si trovarono
> » furono pagati il quadruplo o il settuplo più del prezzo cor-
> » rente ordinario ; e dei miei miserabili Dialoghi so , che
> » ascosamente ne sono stati venduti fino a quattro e sei
> » scudi la copia. »

(2) Dans la même lettre du 5 juin 1637 on lit (LE OPERE ‖ DI ‖ GALILEO ‖ PRIMA EDIZIONE COMPLETA, etc. TOMO VII, etc., page 154, lig. 23—25. — MEMORIE E LETTERE ‖ INEDITE FINORA O DISPERSE ‖ DI ‖ GALILEO GALILEI, etc. *PARTE SECONDA*, etc., page 249, lig. 16—18):

> « Quanto poi al facilitare il privilegio, non mi man-
> » cherà d'aggiugnervi alcuna cosa non più stampata , e da
> » me, al pari o più di altre mie fatiche, stimata. »

(3) Galilée dans sa lettre citée ci-dessus dit (LE OPERE ‖ DI ‖ GALILEO ‖ PRIMA EDIZIONE COMPLETA , etc. TOMO VII, page 155, lig. 1—2. — MEMORIE E LETTERE ‖ INEDITE FINORA O DISPERSE ‖ DI ‖ GALILEO GALILEI, etc. *PARTE SECONDA*, etc., page 249, lig. 21—22):

> « E per
> » mio parere l'opera dovrebbe esser fatta in foglio. »

(4) Thévenot parle ici du livre « DE MAXIMIS, ‖ ET ‖ MINIMIS ‖ GEOMETRICA DIVINATIO », etc. , cité ci-dessus (page 9, lig. 10, et note (3)). C'est ce qui résulte clairement du passage qu'on va lire de la lettre ci-dessus mentionnée (page 10, lig. 43—44) du 6 mai 1661, adressée par Viviani à Thévenot (Discepoli di Galileo ‖ Tomo CXLII ‖ Viviani Vincenzio ‖ Parte 6ᵃ. Carteggio scientifico ‖ Volume 1 ‖ Lettere, feuillet 70, *recto*, lig. 2—9):

> « Acenso a V S: Ill:ᵐᵃ la desiderata gentilis:ᵐᵃ lettera sua rispondendo a particolari in essa contenuti, quanto al pⁱᵒ
> » uoglio credere che a qᵗᵃ ora il mio libro le sia peruenuto perche il Sig. Emerigo Bigot mi afferma d' auer auuiso che
> » l'Amico di Parigi, (al quale egli le auena inuiate insieme con altri per V. S. e per altri SS.) gli ha ricevuti tutti ».

(5) Voyez la note (2) de la page 8.

(6) Monseigneur de Beziers, c'était Pierre de Bonsi ou Bonzi, plus tard Cardinal, Archevêque de Narbonne, Grand Aumonier, de la Reine, et Commandeur de l'Ordre du S. Esprit. Il était né à Florence le 15 avril 1631 (GALLIA ‖ CHRISTIANA, ‖ IN PROVINCIAS ECCLESIASTICAS DISTRIBUTA, etc. *Opera dᵉ studio Monachorum Congregationis S. Mauri ‖ Ordinis S. Benedicti.* ‖ TOMUS SEXTUS, ‖ *Ubi de Provincia Narbonensi,* ‖ PARISIIS, ‖ EX TYPOGRAPHIA REGIA. ‖ MDCCXXXIX, col. 376, lig. 6—7. — VITÆ, ET RES GESTÆ ‖ PONTIFICUM ‖ ROMANORUM ‖ ET ‖ S. R. E. CARDINALIUM ‖ A ‖ CLEMENTE X. ‖ USQUE ‖ AD CLEMENTEM XII. ‖ *SCRIPTÆ* ‖ A MARIO GUARNACCI, etc. *TOMUS PRIMUS* ‖ ROMÆ, MDCCLI, etc., col. 31, lig. 1—6), et mourut le 11 juillet 1703. (GALLIA CHRISTIANA, etc. TOMUS SEXTUS, etc., col. 123, lig. 44—47. — VITÆ, ET RES GESTÆ ‖ PONTIFICUM , etc. *SCRIPTÆ* ‖ A MARIO GUARNACCI, etc. *TOMUS PRIMUS*, etc., col. 34, lig. 12—13). Elevé en France auprès de son oncle Clément de Bonsi Evêque de Béziers, il lui succéda le 16 septembre 1660 (GALLIA CHRISTIANA, etc. TOMUS SEXTUS, etc., col. 376, lig. 15—22. — Le grand duc de Toscane l'avait choisi pour son ministre en France, à l'époque où cette lettre a été écrite (VITÆ, ET RES GESTÆ ‖ PONTIFICUM, etc. *SCRIPTÆ* ‖ A MARIO GRARNACCI , etc. *TOMUS PRIMUS*, etc., col. 32, lig. 3—6).

(7) LORENZO MAGALOTTI fut nommé secrétaire de l'Académie du CIMENTO le 20 mai 1660 (SAG-

» potrei io fare per meritare che V. S. allargasse vn poco quella confidenza colla quale ella m'ho-
» nora coll accennarmi qualche cosa delle scoperte che ella ha fatto nei studij di geometria se con
» confidargli i miei vaneggiamenti credessi di poterlo meritare lo farei volontieri et qui per obligare
» V. S. a farmene quella parte che mene giudicherà degno et per cauarne delloro le mando vn poco
» di vetro.

» Sia il canoncino di vetro AB con i suoi lati ben parallelli et

» turata vna bocca di esso sempia di acqua per laltra parte sino per essempio al segno C et soi (*sic*)
» si sigilli ò si turi lapertura sara fatto vn istromento di grand'vso nelle arti ciò è un liuello daria
» essente di molti diffetti che sincontrano nel liuello ordina..... affinche il moto dellaria sia più li-
» bero e bene che il diametro del canoncino sia di vua line.... poco apresso affinche piu libero rie-
» sca il moto all'aere i... esso contenuto ma con che speranza posso sperare vu..... cambio sì disu-
» guale se V. S. non riceue per suplemen..... la passione che ho di meritare la grazia di V. S.....
» ogni ossequio et scruitù di Pariggi alli 15 9bre ..... di V. S. M.lo Ill.re

» Mero scordato di rispondere nel particolare del Bl... egli a in effetto fatto qualche nota sopra
» i dis....., intorno a due nuoue scienze ma se ne crede il giudicio degli altri le suprimerà il che sia
» detto a V. S. in confidenza.

» Diuotissimo et Vmilissimo Seruitore<br>» Theuenot ».

Melchisédec Thévenot a donc bien été en 1661 l'inventeur du *Niveau à bulle d'air*, et la Note de Viviani que j'avais trouvée d'abord n'était réellement, que ce qu'elle m' avait semblé être, c'est-à-dire une réminiscence prise pour une nouvelle découverte.

Après avoir résolu de la sorte le problème d'histoire scientifique proposé par M. Wolf, l'idée me vint de voir si, indépendamment de la lettre inédite si précieuse, que je venais de découvrir, on n'aurait pas pu trouver dans les publications du temps, de quoi rendre à Thévenot ce qui lui était réellement dû. Je commençai donc par reprendre le « RECUEIL ‖ DE VOYAGES ‖ DE Mᴿ ‖ THEVENOT » (1), et ne tardai guère à y rencontrer (page 9, lig. 5—21) le passage suivant (2):

« Je proposeray ici une Machine nouvelle que » j'ay trouvée il y a quatorze ou quinze ans (3), » avec laquelle on remedie assurément à ces » inconvéniens où tombent très-souvent les » Pilotes, principalement lors qu' ils navigent » entre les Tropiques & les Pôles ; car avec » cette Machine, qui est fort simple l' on peut » prendre hauteur lors même que les broüillars » empêchent la veüe de l' Horizon , & que les » plus grands vents leur ostent la liberté de se » servir de la Balestrille & des autres Instru- » mens ordinaires. J'en donnay dans ce temps- » là au public la description , lors que nostre » Assemblée subsistoit encore. & je l'insereray ici » avec quelques remarques que les fautes que » j'ay vû faire quelquefois à ceux qui s'en ser- » vent ont rendu nécessaires. »

GI ‖ DI ‖ NATURALI ‖ ESPERIENZE ‖ FATTE ‖ NELL'ACCADEMIA DEL CIMENTO ‖ *TERZA EDIZIONE FIO-RENTINA* ‖ PRECEDUTA DA NOTIZIE STORICHE DELL'ACCADEMIA STESSA ‖ E ‖ SEGUITATA DA ALCUNE AGGIUNTE ‖ FIRENZE ‖ DAI TORCHI DELLA TIPOGRAFIA GALILEIANA ‖ 1841, page 97 , lig. 10—11). Il avait alors vingt-cinq ans, étant né à Rome le 23 octobre 1637 (LE VITE ‖ DEGLI‖ARCADI ILLUSTRI‖ *Scritte da diversi Autori, e pubblicate d'ordine* ‖ DELLA GENERALE ADUNANZA ‖ DA GIOVAN MARIO CRE-SCIMBENI, etc. PARTE TERZA, etc. IN ROMA. Nella Stamperia di Antonio de'Rossi ‖ alla Piazza di Ceri 1714 ‖ *CON LICENZA DE' SUPERIORI*, page 203, lig. 13—14.

(1) Voyez BULLETTINO, etc. TOMO II, etc., page 315, lig. 20—22, et MATÉRIAUX DIVERS, etc. PAR LE D.ᴿ RODOLPHE WOLF, page 5, lig. 20—22.

(2) M. Wolf a reproduit (BULLETTINO ‖ DI BIBLIOGRAFIA, etc. TOMO II,etc., page 315, note (1), col. 5—6.—MATÉRIAUX DIVERS, etc. PAR LE D.ᴿ RODOLPHE WOLF, page 5, note (1), col. 5—6) un passage de ce même volume, qui en occupe la page numérotée 10 (c'est-à-dire le *verso* du feuillet dont le *recto* est la page numérotée 9, citée ci-dessus), la page numérotée 11 , et une partie de la page numérotée 12.

(3) Thévenot ne fait pas remonter ici son invention qu'à la date de la publication, en 1665, du livre intitulé « MACHINE ‖ NOUVELLE », etc. qui avait paru alors sans nom d'auteur; parce que dans cette re-production de son premier travail , aussi bien que dans sa MACHINE NOUVELLE, il n'entend pas

Il était donc évident, d'après l'ouvrage même de THÉVENOT , que l'invention du *Niveau à bulle d'air* lui appartenait, et que, l'ayant publiée en 1665 sous le voile de l'Anonyme (peut-être parce que les membres de son assemblée , à l'exemple des académiciens du *Cimento*, s'étaient engagés à mettre en commun toutes leurs idées, sans y attacher le nom de personne), il tenait à faire savoir en 1681, que non seulement c'était bien lui qui l'avait trouvé; mais encore que c'était lui qui avait écrit le livre intitulé: « MACHINE ‖ NOVVELLE ‖ Pour la con-
» duite des Eaux, ‖ pour les Bâtimens, pour la ‖ Navigation, & pour la plus-‖
» part des autres Arts. ‖ A PARIS, ‖ Chez SEBASTIEN MABRE-CRAMOISY ‖ rüe S. Jac-
» ques, aux Cicognes », dans lequel le *Niveau* avait été décrit d'abord, et dont il allait reproduire presque intégralement le texte. C'est donc par suite de cette re-production littérale d'un texte, vieux de 15 ans, et dans lequel THÉVENOT ne se nom-mait pas, qu'au *verso* du feuillet, où il se déclare ouvertement auteur du *Niveau* et du livre (1), on trouve le passage cité presque textuellement dans le *Journal des Sçavans* de 1666, et que M. WOLF a reproduit (2), où l'invention du même *Niveau* est présentée sans nom d'auteur et seulement comme ayant été faite « dans l'Assem-
» blée pour l'avancement des ‖ Arts, qui s'est tenüe chez Monsieur Thevenot » (3).

Sans la découverte , très-utile d'ailleurs, de la lettre que THÉVENOT avait écrit à VIVIANI en 1661 , on aurait donc pu connaître le nom du véritable in-venteur du *Niveau à bulle d'air*, pour peu qu'on se fût avisé de feuilleter un livre qu'on avait entre les mains. Il eût été dès lors inutile de lire le livre de PICARD, et le *Dictionnaire* d'OZANAM, et l'on n'eût jamais attribué de la sorte au sieur CHAPOTOT, mécanicien à Paris, la gloire d'avoir inventé ce que CHAPOTOT n'a peut-être même jamais vu, ni construit dans son atelier.

Car j'ai voulu me renseigner aussi à l'endroit du « sieur CHAPOTOT Fabrica-
» teur d'instruments de Mathématique », et de son Niveau « aprouvé sans au-
» cune difficulté de M^rs de l'Académie Royale des Sciences », et je n'ai pas eu de peine à trouver ce que je cherchais dans le *Journal des Sçavans*, et dans les *Nouvelles de la Republique des lettres*. Dans le cahier du LUNDI 17 JUIN M. DC. LXXX du premier de ces recueils (4) on trouve un article intitulé (5)

---

traiter seulement de la construction du *Niveau à bulle d'air*, mais encore de son application à l'astro-nomie nautique, application à laquelle il n'avait probablement songé qu'en 1665.
(1) Voyez ci-dessus, page 12, note (2).
(2) XXXVII ‖ LE ‖ IOVRNAL ‖ DES SÇAVANS. ‖ Du Lundi 15 Nouembre, M. DC. LXVI,, ‖ *Par le* S.^R G. P., page 440, lig. 7—16. — BULLETTINO, etc. TOMO II, etc., pag. 315, col. 5, lig. 6—20. — MA-TÉRIAUX DIVERS, etc. PAR LE DR. RODOLPHE WOLF, etc. page 3, col. 5, lig. 6—20.
(3) RECUEIL DE VOYAGES ‖ DE M^R ‖ THEVENOT, etc., page 10, lig. 7—8. — BULLETTINO, etc. TOMO II, etc., page 315, col. 5, lig. 7—8. — MATÉRIAUX DIVERS, etc. PAR LE DR. RODOLPHE WOLF, page 3, col. 5, lig. 7—8.
(4) LE ‖ JOURNAL ‖ DES ‖ SCAVANS, ‖ POUR ‖ L'*ANNÉE M.DC.LXXX.* ‖ Avec le Catalogue des Livres dont il y est parlé & une Table ‖ des Matieres. ‖ NOUVELLE ÉDITION. ‖ A PARIS, ‖ Chez PIERRE WITTE, rüe Saint Jacques, vis-à-vis de la ‖ rüe de la Parcheminerie, à l'Ange Gardien. ‖ M.DCCXXX. ‖ *AVEC PRIVILEGE DU ROY*, pag. 103, lig. 33—40; page 104. — XV. JOURNAL DES SÇAVANS. ‖ Du Lundy 17 JUIN M.DC.LXXX.
(5) LE ‖ JOURNAL ‖ DES ‖ SÇAVANS ‖ POUR ‖ L'*ANNÉE MDCLXXX*, etc., page 103, lig. 29—32.

« *NIVEAU A LUNETTE, QUI PORTE SA PREUVE* ‖ *avec soy que l'on verifie & rec-*
» *tifie d' un seul endroit, nouvellemeut (sic) fait* ‖ *& inventé par le sieur*
» *Chappotot Faiseur dinstrument (sic) de Mathemati-*‖*que.* A Paris sur le Quay
» de l'Horloge du Palais à la Sphere .1680. » Dans le cahier de juin 1686 de
l'autre recueil on lit (1) : «ARTICLE V. ‖ Extrait d'une Lettre écrite de Paris à‖
» l'Auteur de ces Nouvelles par M. L. ‖ D. C. *Touchant un Niveau d'une cons-*‖
» *truction nouvelle, portant la preuve* ‖ *avec soi, beaucoup plus facile à véri-*
» *fier,* ‖ *& plus commode à transporter que ceux* ‖ *qui ont été inventez jus-*
» *qu'à présent;* ‖ *lequel se trouve à Paris, sur le Quay de* ‖ *l'Horloge du Pa-*
» *lais à la Sphere, chez le*‖*Sieur Chapotot Ingenieur pour les* ‖ *Instrumens de*
» *Mathematique & In-* ‖ *venteur de ce Niveau.* » Ces deux articles contiennent
tout ce qu'on peut désirer touchant ces deux Niveaux, qui n'étaient en défini-
tive, que des instruments à fil-à-plomb, ou des Niveaux-pendules, munis de Lu-
nettes d'approche avec réticule, ou fil de visée à l'oculaire. Le JOURNAL DES SÇA-
VANS, ‖ DU LUNDI 20. MAY M.DC.LXXXVI, renferme d'ailleurs la description du niveau-
pendule qui ressemble beaucoup à celui de Huygens (2), et comme il y est dit (3):

> « Le Sieur Chapotot en à inventé un depuis
> » peu qui à été fort bien reçu des Messieurs de l'Académie Royale
> » des Sciences à qui il l'à fait voir »,

on comprend que c'est bien là le *Niveau* dont cinq ans plus tard (en 1691) OZA-
NAM a voulu parler dans son DICTIONNAIRE MATHÉMATIQUE, imprimé à Paris chez-
Estienne Michallet. Il y dit, en effet (4):

> « C'est ce qui a obligé
> » plusieurs personnes d'esprit à inventer des Niveaux, chacun de sa façon.
> » Celuy que le *Sieur Chapotot* Fabricateur d'instrumens de Mathématique à
> » Paris a fait & inventé, est estimé généralement de tous ceux qui s'y con-
> » noissent, & le grand debit qu'il en a fait & qu'il fait continuellement au
> » dedans & au dehors du Royaume, fait assez connoître la bonté de son Ni-
> » veau, de laquelle on sera encore mieux persuadé, quand on sçaura qu'il a
> » été approuvé sans aucune difficulté de M<sup>rs</sup> de l'Académie Royale des Scien-
> » ces ».

CHAPOTOT n'a donc pas inventé le *Niveau à bulle d'air*, puisqu'il avait été inventé 25 ans auparavant, et il est même fort probable qu'il n'en a jamais construit aucun; l'autorité de PICARD, d'AUZOUT, d'HUYGENS et d'OZANAM ayant fait

(1) NOUVELLES ‖ DE LA ‖ REPUBLIQUE ‖ DES ‖ LETTRES. ‖ Mois de juin 1686. ‖ Par le Sieur B. . .
Professeur en Philoso-‖phie & en Histoire à Rotterdam. ‖ A AMSTERDAM, ‖ Chez HENRY DESBORDES,
dans ‖ le Kalver-Straat, près le Dam. ‖ M. DC. LXXXVI. ‖ *Avec Privilége des États de Holl. & West.*,
page 663, lig. 5—17.
(2) LE ‖ JOURNAL ‖ DES ‖ SÇAVANS ‖ POUR ‖ *L'ANNÉE M . DC. LXXXVI.* ‖ A PARIS, ‖ Chez JEAN-CUS-
SON, ruë saint Jacques, à l'Image de saint ‖ Jean Baptiste. ‖ M.DC.LXXXVI. ‖ *AVEC PRIVILEGE DU ROY*,
page 113, lig. 13—25; pages 114—115; page 116, lig. 1—6. XII. LE ‖ JOURNAL ‖ DES ‖ SÇAVANS, ‖ DU
LUNDY 20 MAY, M.DC.LXXXVI. — Cet article est intitulé dans le même cahier (page 113, lig. 11—12):
« NIVEAU D'UNE NOUVELLE INVENTION, ‖ *envoyé à l'Auteur du Journal.* 1686. »
(3) LE ‖ JOURNAL ‖ DES ‖ SÇAVANS ‖ POUR ‖ *L'ANNÉE M . DC. LXXXVI*, etc., page 113, lig. 19—21.
(4) DICTIONNAIRE ‖ MATHÉMATIQUE, ‖ OU ‖ IDÉE GENERALE ‖ DES ‖ MATHÉMATIQUES, etc. Par M.
OZANAM, ‖ Professeur des Mathematiques. ‖ A PARIS, ‖ Chez ESTIENNE MICHALLET, Imprimeur du
Roy, ‖ ruë Saint Jacques, à l'Image saint Paul. ‖ M. DC. XCI. ‖ *AVEC PRIVILEGE DU ROY*, page 139,
lig. 33—41. — BULLETTINO, etc. TOMO II, etc., page 317, lig. 24—32. — MATÉRIAUX DIVERS, etc.
RECUEILLIS ‖ PAR LE DR. RODOLPHE WOLF, etc., page 7, lig. 24—32.

alors prévaloir l'usage des *Niveaux–pendules* et mettre de côté, pour le moment, l'admirable invention de Thévenot.

Mais, sans même avoir recours au petit « RECUEIL DE VOYAGES » de M. *Thévenot*, publié en 1681, et devenu très–rare aujourd'hui, le *Journal des Sçavans* eût pu suffire à retrouver le nom du véritable inventeur du *Niveau à bulle d'air* car , à la date du *Lundy* 17 *Novembre* 1692, M. LOUIS COUSIN Président en la Cour des Monnoyes, rédacteur du *Journal*, en annonçant au public la mort de Thévenot, ajoute, dans un court éloge du défunt, ce que je vais reproduire (1).

> « Ce fut des instructions qu' il reçut de leur bouche, & des me-
> » moires qu'il tira de leurs mains , qu' il composa les voyages qu' il
> » donna au public il y a plus de vint ans. Il n'y en a que dix qu'il fit im-
> » primer par Michallet une suite de la quatrième partie de ces voya-
> » ges, de la quelle je donnai l'extrait dans le Journal du dix-neuvième
> » Avril 1688. où je parlai entre autres choses d' un niveau qu'il avoit
> » inventé, & qui est beaucoup plus juste & plus seur que tous ceux dont
> » on s'estoit jamais servi, & qui d'ailleurs facilite l'observation des lon-
> » gitudes, & celle de la déclinaison de l'aiman. »

Voilà donc, de l'aveu du *Journal des Sçavans* , Thévenot inventeur de ce *Niveau à bulle d'air*, que par excès de modestie, ou par d'autres raisons, il n'avait pas publié d'abord sous son nom ; et puisque ni alors, ni plus tard, personne n'a cherché à revendiquer cette découverte , le problème historique que M. Wolf s'était proposé de résoudre , aurait très–bien pu être résolu de la sorte, sans avoir recours aux archives de l'*Académie du Cimento*.

Je ne regrette cependant pas les recherches que j'ai dû faire, ni ne les crois tout–à–fait inutiles, puisque, d'après sa lettre de 1661, nous pouvons affirmer à présent, que Thévenot, en s'attribuant en 1681 la découverte du *Niveau à bulle d'air*, n'empruntait rien à qui que ce fût, attendu que la *Personne intelligente, qui avait autrefois proposé dans l'assemblée qui se tenait chez M. Thévenot cette nouvelle invention* n'était autre que Thévenot lui même, dont la lettre à VIVIANI, contenant la description du *Niveau*, est antérieure de 4 ans à la publication du livre: MACHINE NOUVELLE, etc. dans lequel se trouve le passage que je viens de rapporter.

M. Wolf a donc eu raison d'affirmer que le *Niveau à bulle d'air* a été inventé, *au plus tard*, en 1666, puis qu'il l'a été effectivement en 1661, mais il s'est mépris en dépouillant Thévenot d'une gloire qui lui appartient incontestablement, et que CHARLES HUTTON et beaucoup d'autres lui avaient accordée , pour en gratifier le sieur CHAPOTOT fabricant d'instruments de Mathématiques, dont l'esprit inventif, en fait de *Niveaux*, n'alla pas au delà de ce qu'on pouvait attendre d'un habile *Maître Lunettier* à la fin du XVIIe siècle.

_____

(1) LE ‖ JOURNAL ‖ DES ‖ SÇAVANS , ‖ POUR ‖ *L'ANNEE M.DC.XCII.* ‖ Avec le Catalogue des Livres dont il y est parlé, & une Table ‖ des Matieres. ‖ *NOUVELLE ÉDITION.* ‖ A PARIS, ‖ Chez PIERRE WITTE, ruë ‖ Saint Jacques, vis-à-vis de la ruë ‖ de la Parcheminerie, à l'Ange Gardien. ‖ M.DCC.XXIX. ‖ *AVEC PRIVILEGE DU ROY.* page 427, lig. 27—35. XXXVII. JOURNAL DES SÇAVANS. ‖ Du LUNDY 17 NOVEMBRE M.DC.XCII. *ELOGE DE Mr. THEVENOT.*

www.ingramcontent.com/pod-product-compliance
Lightning Source LLC
Chambersburg PA
CBHW050457210326
41520CB00019B/6256